# BEI GRIN MACHT SICH IHR WISSEN BEZAHLT

- Wir veröffentlichen Ihre Hausarbeit,
  Bachelor- und Masterarbeit

- Ihr eigenes eBook und Buch -
  weltweit in allen wichtigen Shops

- Verdienen Sie an jedem Verkauf

## Jetzt bei www.GRIN.com hochladen und kostenlos publizieren

**Bibliografische Information der Deutschen Nationalbibliothek:**

Die Deutsche Bibliothek verzeichnet diese Publikation in der Deutschen National-
bibliografie; detaillierte bibliografische Daten sind im Internet über http://dnb.d-
nb.de/ abrufbar.

Dieses Werk sowie alle darin enthaltenen einzelnen Beiträge und Abbildungen
sind urheberrechtlich geschützt. Jede Verwertung, die nicht ausdrücklich vom
Urheberrechtsschutz zugelassen ist, bedarf der vorherigen Zustimmung des Verla-
ges. Das gilt insbesondere für Vervielfältigungen, Bearbeitungen, Übersetzungen,
Mikroverfilmungen, Auswertungen durch Datenbanken und für die Einspeicherung
und Verarbeitung in elektronische Systeme. Alle Rechte, auch die des auszugsweisen
Nachdrucks, der fotomechanischen Wiedergabe (einschließlich Mikrokopie) sowie
der Auswertung durch Datenbanken oder ähnliche Einrichtungen, vorbehalten.

**Impressum:**

Copyright © 2016 GRIN Verlag, Open Publishing GmbH
Druck und Bindung: Books on Demand GmbH, Norderstedt Germany
ISBN: 9783668417069

**Dieses Buch bei GRIN:**

http://www.grin.com/de/e-book/355798/aminosaeuren-und-ihre-aufgaben-im-
menschlichen-organismus

Roman Ettlinger

# Aminosäuren und ihre Aufgaben im menschlichen Organismus

GRIN Verlag

**GRIN - Your knowledge has value**

Der GRIN Verlag publiziert seit 1998 wissenschaftliche Arbeiten von Studenten, Hochschullehrern und anderen Akademikern als eBook und gedrucktes Buch. Die Verlagswebsite www.grin.com ist die ideale Plattform zur Veröffentlichung von Hausarbeiten, Abschlussarbeiten, wissenschaftlichen Aufsätzen, Dissertationen und Fachbüchern.

**Besuchen Sie uns im Internet:**

http://www.grin.com/

http://www.facebook.com/grincom

http://www.twitter.com/grin_com

Hans-Sachs-Gymnasium Nürnberg

Oberstufenjahrgang 2015/ 17

Seminarfach Chemie

Seminararbeit

# Wissenschaftliche Betrachtung der von Aminosäuren erfüllten Aufgaben im menschlichen Organismus

Verfasser:           Roman Ettlinger

# INHALTSVERZEICHNIS

# 1 ZIELSETZUNG DER ARBEIT

Den Begriff der „Aminosäure" hört man in den letzten Jahren immer häufiger, ob in der Zeitung, im Internet oder beim Sport. Auch in der Schule ist die Aminosäure ein Terminus, der in zahlreichen Fächern, vom Chemieunterricht bis hin zur Biologie, thematisiert wird. Doch selten wird erklärt wieso Aminosäuren eine so zentrale Rolle im Leben eines jeden Menschen spielen. Einerseits sind Aminosäuren Heilmittel und Motor unseres Körpers, andererseits Auslöser von Krankheiten und Bestandteil vieler Gifte. Aminosäuren übernehmen wichtige Aufgaben im Blut, wie beispielsweise den Sauerstofftransport, sie sind Grundlage für die Bildung zahlreicher Biomoleküle, besitzen stoffwechselregulierende Eigenschaften und sind essenziell für die Erregerbekämpfung durch das Immunsystem. Sie wirken noch in zahlreichen anderen Bereichen des menschlichen Organismus, wie zum Beispiel in der Muskulatur und der Haut.

In vorliegender Arbeit soll grundlegendes Wissen über Aminosäuren, ihre Funktionsweise und ihre Bedeutung für ein gesundes Leben vermittelt werden. Außerdem werden die Folgen eines Mangels einzelner Aminosäuren erläutert und die Notwendigkeit diesen mit Nahrungsergänzungsmitteln zu beheben, abgewogen.

Als Abschluss wird ein Aminosäureprofil ausgewertet und analysiert.

# 2 EIGENSCHAFTEN VON AMINOSÄUREN

## 2.1 Strukturelle Merkmale und physikalische Eigenschaften von Aminosäuren

Es sind aktuell mehr als 260 natürlich vorkommende Aminosäuren nachgewiesen, alle sind dabei gekennzeichnet durch bestimmte Eigenschaften sowie charakteristische, stets gleiche, Molekülgruppen. Reine Aminosäuren liegen als weißer, kristalliner, gut wasserlöslicher, hitzebeständiger Feststoff vor. Alle besitzen ein zentrales $\alpha$-Kohlenstoffatom, an das eine Aminogruppe, eine Carboxylgruppe, ein Wasserstoffatom und ein, je nach Aminosäure unterschiedlicher, Rest gebunden sind. Der Mensch nimmt

Aminosäuren entweder in Form von Proteinen aus der Nahrung oder einzeln synthetisiert als Nahrungsergänzung auf.[1]

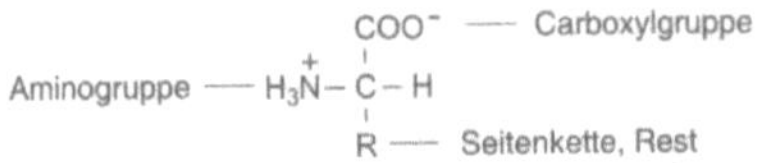

$$COO^- \longrightarrow \text{Carboxylgruppe}$$

Aminogruppe $\longrightarrow H_3\overset{+}{N} - \overset{|}{\underset{|}{C}} - H$

$R \longrightarrow$ Seitenkette, Rest

*Abbildung 1, Galuschka (2009), S. 19 Abb. 2.1, Grundstruktur der α-Aminosäuren*

Das α-Kohlenstoffatom beinahe aller Aminosäuren ist ein asymmetrisches Kohlenstoffatom, stellt also ein Chiralitätszentrum dar. Deshalb existieren zwei Stereoisomere jeder Aminosäure, die D- und L-Aminosäuren. Eine Ausnahme ist Glycin, dessen Rest aus einem einzelnen Wasserstoffatom besteht, welches folglich kein Chiralitätszentrum am zentralen C2 Kohlenstoffatom besitzt.[2]

## 2.2 Kategorisierung von Aminosäuren

### 2.2.1 Proteinogene Aminosäuren

Bei der Proteinbiosynthese (siehe Kapitel 5.1) werden 20 sogenannte proteinogene Aminosäuren verarbeitet. Die Eigenschaften dieser Standardaminosäuren unterscheiden sich je nach Seitenkette. Die Reihenfolge, welche die einzelnen Aminosäuren, in der Polypeptidkette (siehe Kapitel 3.2) einnehmen bestimmt später die Funktion und räumliche Struktur des im Körper aktiven Proteins. Der menschliche Organismus kann, bis auf acht, alle proteinogenen Aminosäuren selbst herstellen. „Diese [acht] essenziellen Aminosäuren müssen mit der Nahrung aufgenommen werden. Pflanzen und Bakterien können jede proteinogene Aminosäure produzieren." [3] Zu den essenziellen Aminosäuren zählen Isoleucin, Leucin, Lysin, Methionin, Phenylalanin, Threonin, Tryotophan und Valin.[4]

---

[1] Vgl. Galuschka (2009), Biochemie für Ahnungslose, Stuttgart, S.18f.
[2] Vgl. Munk (2008), Taschenlehrbuch Biologie. Biochemie • Zellbiologie, Stuttgart, S.123
[3] Galuschka (2009), Biochemie für Ahnungslose, Stuttgart, S.18
[4] Vgl. Munk (2008), Taschenlehrbuch Biologie. Biochemie • Zellbiologie, Stuttgart, S.126

Tab.1 | Die Eigenschaften der Aminosäuren

| Eigenschaft | Aminosäure |
|---|---|
| aliphatische Aminosäuren | Glycin, Alanin, Valin, Leucin, Isoleucin, Prolin (Iminosäure) |
| aliphatische schwefelhaltige Aminosäuren | Methionin |
| aromatische Aminosäuren | Phenylalanin, Tyrosin, Tryptophan |
| polare, ungeladene Aminosäuren | Serin, Threonin, Asparagin, Glutamin |
| polare, ungeladene und schwefelhaltige Aminosäuren | Cystein |
| geladene Aminosäuren: positiv geladen (basisch) | Lysin, Arginin, Histidin |
| geladene Aminosäuren: negativ geladen (sauer) | Aspartat, Glutamat |

*Abbildung 2 , chemgapedia.de, Proteinogene Aminosäuren, http://www.chemgapedia.de/vsengine/vlu/vsc/de/ch /8/bc/vlu/proteine/aminosaeuren.vlu/Page/vsc/de/ch/8/bc/proteine/aminos_u_einleit/aufbau3.vscml.html*

Die proteinogenen Aminosäuren lassen sich weiterhin untergliedern in Aminosäuren mit unpolaren Seitenketten, mit geladenen unpolaren Seitenketten und solche mit ungeladenen polaren und aromatischen Seitenketten. „Die unpolaren aliphatischen Aminosäuren wie Alanin, Valin, Leucin und Isoleucin stabilisieren die Proteinstruktur über die Ausbildung hydrophober Wechselwirkungen".[5] Polare Aminosäuren sind in Membranproteinen häufig ins Proteininnere gerichtet um Poren zu bilden, welche hydrophile Moleküle lipophile Membranen durchqueren lassen.[6]

## 2.2.2 Nicht-proteinogene Aminosäuren

Auch nicht-proteinogene Aminosäuren haben einige wichtige Aufgaben im menschlichen Organismus, so fungieren einige Aminosäuren, beziehungsweise deren Derivate, als chemische Botenstoffe. Als Beispiele sind γ-Aminobuttersäure und Dopamin zu nennen, beides Neurotransmitter. Auch Melanin, das für die dunkle Farbe von Haut und Haaren verantwortlich ist besteht aus polymerisierten Tyrosinderivaten.[7]

---

[5] Munk (2008), Taschenlehrbuch Biologie. Biochemie • Zellbiologie, Stuttgart, S.125
[6] Vgl. Ebd., S.126
[7] Vgl. Ebd., S.128

## 2.3 Auswirkung des pH-Wertes auf Aminosäuren

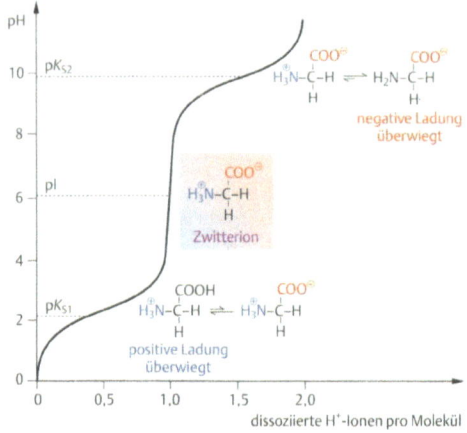

*Abbildung 3, Munk (2008), Seite 44, Titrationskurve von Glycin*

„Die α-Aminogruppe und die α-Carboxylgruppe können in Abhängigkeit vom pH-Wert ionisiert vorliegen."[8] Bei niedrigerem pH-Wert liegt die Aminogruppe protoniert vor und die Aminosäure ist postiv geladen. Bei hohem pH-Wert, also im basischen Milleu sind die Carboxyl- und Aminogruppe deprotoniert, und folglich ist das Molekül negativ geladen. Der Punkt, an dem die Aminogruppe protoniert, und die Carboxylgruppe deprotoniert sind, heißt Isoelektrischer Punkt (pI). An diesem hat die Aminosäure eine negative und eine postive Ladunung, ist also insgesamt ungeladen, sie ist ein Zwitterion.

# 3 AMINOSÄUREN ALS PROTEINE

## 3.1 Proteine

Proteine sind Makromoleküle, das heißt, sie bestehen aus vielen kleinen Bausteinen, den Aminosäuren. Diese sind über Peptidbindungen verbunden (siehe Kapitel 3.2). In einem Protein können mehrere tausend Aminosäuren gebunden sein, dabei werden jedoch normalerweise nur die 20 proteinogenen Aminosäuren verwendet (siehe Kapitel 2.2.1). Der Mechanismus der Proteinbildung aus Aminosäuren innerhalb des menschlichen Organismus wird als Proteinbiosynthese bezeichnet (siehe Kapitel 5.1).[9]

---

[8] Galuschka (2009), Biochemie für Ahnungslose, Stuttgart, S.22
[9] Vgl. Munk (2008), Taschenlehrbuch Biologie. Biochemie • Zellbiologie, Stuttgart, S.122

Aminosäuren sind nicht die einzigen Moleküle in Proteinen, es können auch Kohlenhydrate, Lipide oder Metallionen gebunden sein.

## 3.2 Die Peptidbindung

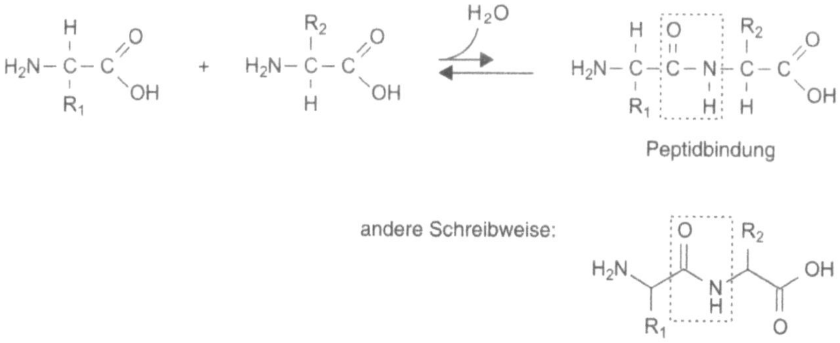

Peptidbindung

andere Schreibweise:

*Abbildung 4 Galuschka (2009), S.25 2.13, Die Peptidbindung*

Wie in Kapitel 3.1 beschrieben wird ein Protein von mehreren durch Peptidbindungen verknüpften Aminosäuren gebildet. Der Begriff Peptidbindung steht für eine Säureamidbindung. Hierbei wird die α-Carboxylgruppe einer Aminosäure mit der α-Aminogruppe einer anderen Aminosäure verknüpft und ein Wassermolekül abgespalten.[10]

Für die Beschreibung der Aminosäuren-Abfolge in einem Protein wird die Aufzählung am Polypeptidkettenende mit der Aminogruppe (Aminoende / N-Terminus) begonnen und mit der Carboxylgruppe (Carboxylende / C-Terminus) beendet. „Aus dem Peptidrückgrad ragen die verschiedenen Seitenketten der Aminosäuren heraus, deren Eigenschaften für die weitere Faltung de Proteins entscheidend sind." [11] Da die Peptidbindung unbeweglich ist, ist die Struktur eines Proteins klar definiert. Als Säureamidbindung ist die C-N-Peptidbindung mesomeriestabilisiert und weist ca. 40% Doppelbindungscharakter auf.

---

[10] Vgl. Galuschka (2009), Biochemie für Ahnungslose, Stuttgart, S.24
[11] Munk (2008), Taschenlehrbuch Biologie. Biochemie • Zellbiologie, Stuttgart, S.129

## 3.3 Struktur von Proteinen

Proteine bilden aufgrund der Wechselwirkungen verschiedener Molekülabschnitte miteinander komplexe dreidimensionale Strukturen aus. Diese werden durch verschiedenen Organisationsebenen beschrieben.

Die Reihenfolge der Aminosäuren, d.h. die Aminosäuresequenz der Polypeptidkette wird als Primärstruktur bezeichnet. Aus dieser linearen zweidimensionalen Primärstruktur entstehen zunächst einzelne typische dreidimensionale Strukturelemente, die Sekundärstrukturen, die sich dann zur vollständigen räumlichen Gestalt eines Proteins, der Tertiärtstruktur arrangieren. Darüber hinaus können sich Einzelproteine zu einem funktionellen Protein und übergeordneten Proteinkomplex zusammenlagern, der dann als Quartärstruktur bezeichnet wird[...].[12]

## 3.3.1 Primärstruktur

Die Primärstruktur bezeichnet die Abfolge der einzelnen Aminosäuren in einem Protein, also die Aminosäuresequenz. Diese bestimmt die spätere räumliche Struktur des Proteins. Nachgewiesen wurde dieser Umstand, indem man die strukturgebenden Wechselwirkungen mit bestimmten denaturierenden Stoffen, den Agenzien, kurzzeitig aufgehoben hat. Bei Entfernung der Agenzien nahm das Protein wieder seine ursprüngliche Struktur an.[13]

---

[12] Munk (2008), Taschenlehrbuch Biologie. Biochemie • Zellbiologie, Stuttgart, S.129
[13] Vgl. Galuschka (2009), Biochemie für Ahnungslose, Stuttgart, S.26

### 3.3.2 Sekundär- und Tertiärstruktur

Es werden zwei wichtige Sekundärstrukturen unterschieden: Die α-Helix und das β-Faltblatt.

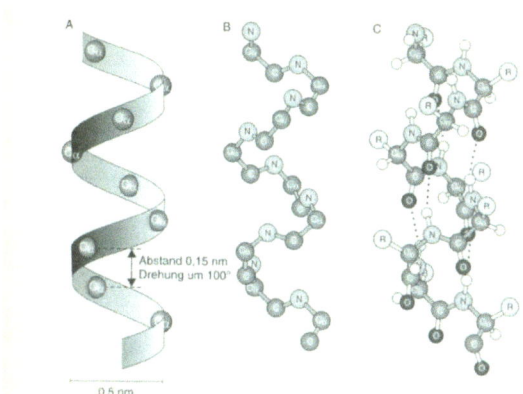

Die α-Helix wird durch „Wasserstoffbrücken zwischen der N-H-Gruppe und der C-O-Gruppe der drittnächsten Aminosäure stabilisiert."[14] Dabei liegt das Polypeptidrückgrad stets innen und die Aminosäurereste zeigen nach außen. Eine Helixwindung ist stets 3,6 Aminosäuren lang. Einige Aminosäuren, zum Beispiel Alanin, sind α-Helix-fördernd, andere, wie Prolin, sind Helix-terminierend.

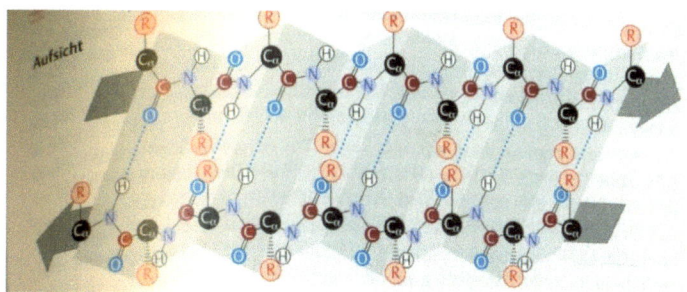

---

[14] Munk (2008), Taschenlehrbuch Biologie. Biochemie • Zellbiologie, Stuttgart, S.133

Beim β-Faltblatt sind zwei parallel bzw. antiparallel verlaufende Polypeptidketten durch Wasserstoffbrücken stabilisiert und bilden eine wellblechähnliche Struktur.

Mehrere Sekundärstrukturen bilden häufig typische Kombinationen, die in vielen verschiedenen Proteinen vorkommen, die sogenannten Supersekundärstrukturen. Beispiele hierfür sind das Helix-turn-Helix-Motiv oder der Leucin-Zipper.

Alle Sekundärstrukturen, Supersekundärstrukturen und „Random Coils", also Peptidkettenabschnitte ohne erkennbare Muster, zusammen ergeben die Tertiärstruktur.

### 3.3.3 Quartärstruktur

Lagern sich mehrere Polypeptidketten zu einem Proteinkomplex zusammen spricht man von einem Proteinkomplex. Dieser Proteinkomplex wird meistens von nicht-kovalenten Bindungen zusammengehalten (siehe Kapitel 3.4). Proteine, die eine Quartärstruktur aufweisen sind zum Beispiel Hämoglobin oder Multienzymkomplexe.[15]

### 3.4 Strukturbildung, Strukturerhalt und Strukturwiederherstellung

Die Sekundär-, Tertiär- und Quartärstrukturen eines Proteins werden hauptsächlich durch nicht-kovalente Bindungen stabilisiert. Zu diesen gehören die äußerst starken Ionenbindungen zwischen zwei gegensätzlich geladenen Seitenketten; Wasserstoffbrücken-Bindungen, welche zum Beispiel einzelne Sekundärstrukturen untereinander fixieren; Van-der-Waals-Kräfte oder Metallbindungen von im Protein eingelagerten Metallionen. Eine der seltenen kovalenten Bindungen in Proteinen sind intermolekulare Disulfidbrücken.

> Die kovalente Peptidbindung der Aminosäureketten ist sehr stabil, sowohl aggressiven Chemikalien als auch hohen Temperaturen gegenüber. Dagegen sind die nichtkovalente[n] [...] Bindungen zwischen den Aminosäureseitenketten, die zu den Sekundär-, Tertiär-, und Quartärstrukturen führen, empfindlich[16]

gegenüber beispielsweise PH-Wert oder Temperaturänderungen. Dabei verlieren die Aminosäureketten ihre biologische Funktion, man spricht von denaturierten Proteinen.

---

[15] Vgl. Galuschka (2009), Biochemie für Ahnungslose, Stuttgart, S.29
[16] Munk (2008), Taschenlehrbuch Biologie. Biochemie • Zellbiologie, Stuttgart, S.142

Diese Denaturierung kann bereits bei Fieber von 42°C stattfinden und zu irreparablen Strukturschäden führen.[17]

Es ist noch nicht geklärt, wie neu synthetisierte Proteine ihre spezifische dreidimensionale Struktur aus der linearen Polypeptidkette bilden. Nach aktuellem Stand der Wissenschaft sind nur ungefähr 25% der Aminosäurereste einer Primärsequenz für die letztendliche Faltungsstruktur relevant. Die Vorhersage der Struktur wird weiter dadurch erschwert, dass vollkommen unterschiedliche Aminosäuresequenzen sehr ähnliche Tertiärstrukturen generieren können. Beispiele hierfür sind α- und β-Tubulin, deren Aminosäuresequenz nur zu 40% übereinstimmt, welche jedoch beinahe identische räumliche Proteinstrukturen aufweisen.[18] Dennoch wird davon ausgegangen, dass die Proteinstruktur sich nach der energetisch günstigsten Position richtet, das heißt der Position mit der geringsten freien Enthalpie.[19]

# 4 FUNKTIONEN VON PROTEINEN IM MENSCHLICHEN ORGANISMUS

Wegen ihrer Vielseitigkeit sind Proteine an allen Lebensprozessen beteiligt und übernehmen unterschiedliche Funktionen in biologischen Systemen: enzymatische Katalyse, Abwehrmechanismen, regulatorische Prozesse, Speicherung, Stütz- und Strukturfunktionen, Bewegung, Transport[20]

## 4.1 Enzymatische Katalyse

Enzyme sind Proteine die katalytisch aktiv sind, das heißt sie beschleunigen bestimmte Reaktionen im menschlichen Organismus, indem sie die Aktivierungsenergie herabsetzen. Es gibt mehrere tausend Enzyme, da jedes Enzym spezifisch ist, also nur eine bestimmte Reaktion beschleunigt. „Enzyme steigern die Reaktionsgeschwindigkeit [...] bis um den Faktor $10^{22}$[...]."[21] Diese gehen wie chemische Katalysatoren unverändert aus der katalysierten Reaktion hervor, können jedoch, anders als chemische Katalysatoren, in ihrer Aktivität reguliert werden.

---

[17] Vgl. Munk (2008), Taschenlehrbuch Biologie. Biochemie • Zellbiologie, Stuttgart, S.142
[18] Vgl. Ebd., S.143
[19] Hampp (2012), Vorlesung *PC-7 Biophysikalische Chemie 2. Vorlesung*, Marburg, S.19-26
[20] Galuschka (2009), Biochemie für Ahnungslose, Stuttgart, S.30
[21] Munk (2008), Taschenlehrbuch Biologie. Biochemie • Zellbiologie, Stuttgart, S.166

## 4.2 Abwehrmechanismen und Regulation

Antikörper sind glykosylierte Proteine, die fremde Stoffe wie Prionen oder bakterielle Toxine erkennen und binden können. Prionen sind selbst Proteine. Sie sind zum Beispiel für das Creutzfeld-Jakob-Syndrom (CJK) beim Menschen beziehungsweise für den Rinderwahnsinn (BSE) verantwortlich. Bemerkenswert ist hierbei die besonders hohe Widerstandsfähigkeit von Prion-Proteinen. Zur Inaktivierung dieser ist ein vierstündiges Erhitzen auf 134°C bei vier Bar notwendig.[22] Diese sogenannten transmissible spongiforme Encephalopathien (TSE) werden nicht durch Viren oder Mikroorganismen verursacht, sondern durch genetisch bedingte Proteindefekte. Schlangen- und Pflanzengifte bestehen auch, zumindest teilweise, aus Peptidstrukturen.

Proteine regulieren als Wachstumsfaktoren vor allem das Wachstum des Körpers und steuern als Bestandteil vieler Hormone zahlreiche weitere Prozesse.[23] Als Neurotransmitter werden GABA und Dopamin von Nervenzellen freigesetzt, um das Verhalten von Zellen in der Umgebung zu beeinflussen. Auch Thyroxin ist als Schilddrüsenhormon regulatorisch aktiv.[24]

## 4.3 Speicherung sowie Stütz- und Strukturfunktionen

Eines der wichtigsten Speicherproteine ist Ferritin, dessen Zentrum mehr als 4000 Eisen-III-Ionen speichern kann. Ein niedriger Ferritinwert ist ein guter Marker um einen Eisenmangel festzustellen.

Die wichtigsten Stützproteine sind Kollagene (siehe Kapitel 5.3.2) und Keratine. Kollagene sind dabei hauptsächlich in Haut, Knochen, Sehnen und ihm Bindegewebe, Keratine in Haaren und Nägeln zu finden.[25]

## 4.4 Bewegung

„Die Muskelproteine Myosin und Actin (siehe Kapitel 5.2.3) sind für sich genommen strukturgebende Proteine und im Komplex als Aktomyosin das kontraktile Protein des Muskels."[26] Myosin bildet eine coiled-coil-Struktur, in der zwei α-Helices umeinander

---

[22] Vgl. Beyer; Walther (2004), Lehrbuch der Organischen Chemie, Stuttgart, S.904
[23] Vgl. Galuschka (2009), Biochemie für Ahnungslose, Stuttgart, S.30
[24] Vgl. Voet, (2010), Lehrbuch der Biochemie, Weinheim, S. 99
[25] Vgl. Ebd., S.31
[26] Galuschka (2009), Biochemie für Ahnungslose, Stuttgart, S.31

gewunden sind. Actin ist ein globuläres Monomer, dass sich zu Fasern polymerisieren kann.[27]

## 4.5 Transport

Transportproteine, die Ionen oder Moleküle transportieren, heißen auch Carrier-Proteine. Wichtig sind hier sogenannte Ionenpumpen sowie Sauerstofftransportierende Proteine. Eine der wichtigsten Ionenpumpen ist die Natrium-Kalium-ATPase, welche die intra- und extrazelluläre Konzentration von Kalium- und Natriumionen reguliert. Wichtige $O_2$ transportierende Proteine sind Hämoglobin und Myoglobin (siehe Kapitel 5.3.1). Hämoglobin ist für den Sauerstofftransport im Blut verantwortlich, während Myoglobin diese Aufgabe in den Muskelzellen übernimmt.[28]

# 5 AMINOSÄUREN IM MENSCHLICHEN KÖRPER

## 5.1 Aminosäuremetabolismus

Um den Aminosäuremetabolismus in seiner Gesamtheit erfassen zu können, muss man wissen, dass Zellen ständig Aminosäuren zu Proteinen synthetisieren sowie zur gleichen Zeit Proteine wiederum zu Aminosäuren abbauen. Dieser auf den ersten Blick unnötige Vorgang hat mehrere Funktionen. Erstens werden Nährstoffe in Form von Proteinen gespeichert und sobald sie benötigt werden wieder freigegeben - ein Vorgang der besonders stark in den Muskeln stattfindet. Zweitens werden mutierte Proteine, welche bei vermehrtem Auftreten die Zelle beschädigen könnten, abgebaut. Weiterhin ist eine Regulation des intrazellulären Metabolismus möglich, indem regulatorische Proteine und Enzyme, sofern diese nicht mehr benötigt sind, abgebaut werden.

Die Geschwindigkeit des Enzymabbaus wird genauestens durch den Ernährungs- und Hormonzustand der Zelle bestimmt. So erhöht die Zelle bei Nahrungsmangel die Geschwindigkeit des Proteinabbaus, um die Aufrechterhaltung lebenswichtiger Prozesse zu gewährleisten.[29]

Damit der Organismus Aminosäuren zur Energiegewinnung einsetzen kann, müssen zuerst die Polypeptide zu Oligopeptiden und darauf zu einzelnen Aminosäuren abgebaut

---

[27] Vgl. Galuschka (2009), Biochemie für Ahnungslose, Stuttgart, S.32
[28] Vgl. Ebd., S.34-39
[29] Vgl. Voet, (2010), Lehrbuch der Biochemie, Weinheim, S. 794

werden. Bei Proteinen aus der Nahrung wird dieser Prozess durch Pepsin sowie zahlreiche weitere Enzyme ausgeführt. Beim intrazellulären Proteinabbau sind an diesem Prozess Lyosomen, das Ubiquitin und weiter das Proteasom beteiligt. Bei der weiteren Zerlegung, die immer intrazellulär stattfindet, wird meist die Aminogruppe entfernt, welche später im Harnstoffzyklus in den Harnstoff eingebaut wird. Diese α-Ketosäure kann entweder in $CO_2$ und $H_2O$ oder in Glucose, Acetyl-CoA oder Ketonkörper umgewandelt werden.[30] Im Citrat Zyklus ist der Abbau der Aminosäuren zu einem von sieben Stoffwechselintermediaten dargestellt.

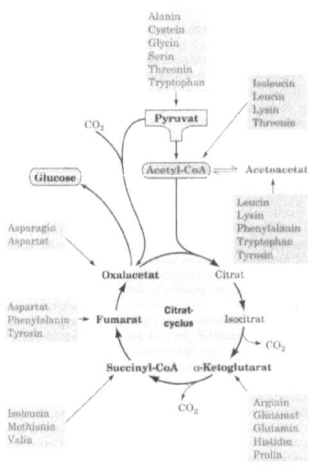

*Abbildung 7, Voet (2010), S.808 21.13, Abbau der Aminosäuren*

Bis auf die essentiellen Aminosäuren Arginin, Histidin, Isoleucin, Leucin, Lysin, Methionin, Phenylalanin, Threonin, Tryptophan und Valin werden alle Aminosäuren sehr einfach synthetisiert. Sie gehen von einer der vier Grundsubstanzen des Stoffwechsels Pyruvat, Oxalacetat, α-Ketoglutarat und 3-Phosphoglycerat aus.[31] Ausgenommen hiervon ist Tyrosin. „[Dieses] ist im Grunde fälschlich als nicht essentielle Aminosäure klassifiziert, weil es durch eine einstufige Hydroxylierung aus der essentiellen Aminosäure Phenylalanin gebildet werden kann."[32]

---

[30] Vgl. Voet, (2010), Lehrbuch der Biochemie, Weinheim, S. 798
[31] Vgl. Ebd., S. 824
[32] Ebd., S.824

## 5.2 Ausgewählte wichtige Proteine

## 5.2.1 Hämoglobin und Myoglobin

Hämoglobin und Myoglobin zählen zu den reversibel sauerstoffbindenden Proteinen. Das heißt, sie können Sauerstoff aufnehmen, und abgeben. Myoglobin ist dabei das kleinere Protein mit relativ einfachem Sauerstoffbindungsverhalten. Hämoglobin dagegen ist sehr groß und bindet Sauerstoff mit einer Effizienz, welche einem Stoffwechselenzym nahekommt.[33] Myoglobin ist für die Sauerstoffversorgung der Muskulatur verantwortlich. Muskeln sind, besonders in Belastungssituationen, der Hauptverbraucher von Sauerstoff. Myoglobin arbeitet wie ein „molekulares Schaufelrad"[34] und erhöht die Diffusionsrate von Sauerstoff in die Muskulatur.[35]

Hämoglobin ist das intrazelluläre Protein, welches den roten Blutkörperchen ihre Farbe verleiht. Dieses ist dabei kein simpler Sauerstoffspeicher, sondern ein hochentwickeltes Transportsystem. Hämoglobin hat eine $\alpha_2\beta_2$, Quartärstruktur, welche sich bei Sauerstoffbindung komplett ändert, sodass sich die Struktur von Desoxyhämoglobin deutlich von Oxyhämoglobin unterscheidet.[36]

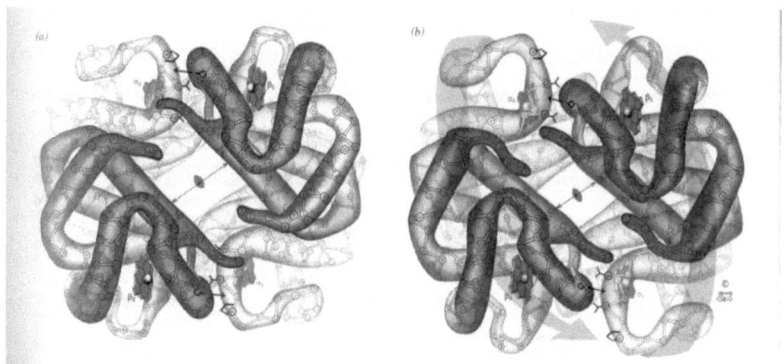

*Abbildung 8, Voet (2010, S.201 7.5, (Des)-Oxyhämoglobin*

---

[33] Vgl. Voet, (2010), Lehrbuch der Biochemie, Weinheim, S.198
[34] Ebd., S.199
[35] Vgl. Ebd., S.199
[36] Vgl. Ebd., S.201

## 5.2.2 Keratin und Kollagen

Keratin, im Menschen ausschließlich die α-Form, ist Hauptbestandteil der äußeren Hautschicht, der Haare und Nägel. Es ist chemisch träge und mechanisch stabil. Dabei weist es die Struktur einer α-Helix auf und windet sich zu einer superspiralisierten Helix (Superhelix, coiled coil).[37] Doch dies ist noch nicht die größte Struktur:

> Die N- und C-terminalen Domänen jeder Polypeptidkette ermöglichen die Zusammenlagerung von mehreren superspiralisierten Helices zu Protofilamenten. Vier Protofibrillen [...] bilden eine Mikrofibrille, die sich ihrerseits mit anderen Mikrofibrillen zu Makrofibrillen zusammenlagert.[38]

Kollagen ist das häufigste Protein im menschlichen Körper und ist im Bindegewebe, in Knochen, Zähnen, Sehnen, der Haut und in den Blutgefäßen enthalten. Ein Kollagenmolekül besteht aus drei Polypeptidketten, von welchen es wiederum bis zu 33 verschiedene Varianten gibt. Glycin stellt über 30% der im Kollagen vorkommenden Aminosäuren. Die drei linksgängigen Polypeptidketten bilden im Kollagen eine rechtsgängige Trippelhelix. Diese Struktur ist für die charakteristische Zugfestigkeit verantwortlich.

## 5.2.3 Myosin und Actin

Myosin ist Hauptbestandteil der dicken Filamente des Muskels und macht hierbei 60 bis 70% des gesamten Muskelproteins aus. Actin ist Hauptbestandteil der dünnen Filamente und macht somit 20 bis 25% des gesamten Muskelproteins aus.[39] Um die Funktion von Myosin und Actin zu verstehen, muss man sich zuerst die Funktionsweise und Struktur des gesamten Muskels ansehen. Die Skelettmuskeln bestehen aus vielen langen, mehrkernigen Zellen, den Muskelfasern. Diese Zellen enthalten parallel verlaufende Myofibrillen. Die Myofibrillen sind durch horizontale Zwischenräume getrennt.

---

[37] Vgl. Voet, (2010), Lehrbuch der Biochemie, Weinheim, S. 152
[38] Ebd., S.152
[39] Vgl. Ebd., S. 223

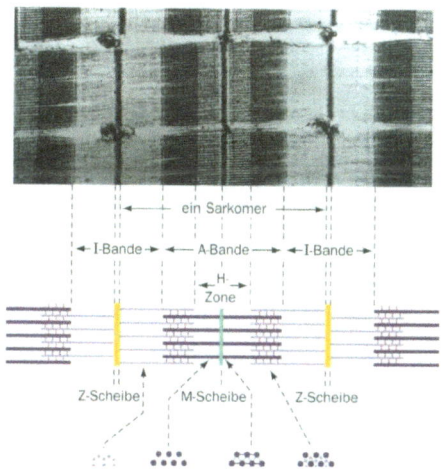

*Abbildung 9, Voet (2010), S.218 7.23, Anatomie der Myofibrillen*

Die sogenannten Sakromere bilden die Funktionseinheit der Myofibrille. In der Mitte eines einzelnen Sakromers liegt die A-Bande, welche wiederum gebildet wird aus der M-Scheibe, an deren beiden Seiten ausschließlich dicke Filamente anschließen. Diese dicken Filamente bestehen, wie bereits im vorigen Abschnitt genannt hauptsächlich aus Myosin. Ebendieser Teil der A-Bande heißt H-Zone. Die beiden äußeren Enden der A-Bande bestehen aus den Enden der dicken Filamente der H-Zone, welche sich mit den Enden der dünnen Filamente aus den I-Banden überlappen. Die I-Banden, welche an beiden Seiten der A-Bande anknüpfen haben in der Mitte die sogenannte Z-Scheibe, die auch den Abschluss eines einzelnen Sakromers darstellt. An beiden Seiten der Z-Scheibe sind dünne Filamente aus Actin verankert. Bei der Kontraktion verkürzen sich die I-Bande und die H-Zone, allerdings nicht durch Verkürzung der dicken und dünnen Filamente, sondern durch aneinander vorbeigleiten ineinander greifender Gruppen dicker und dünner Filamente.[40]

---

[40] Vgl. Voet, (2010), Lehrbuch der Biochemie, Weinheim, S. 217-219

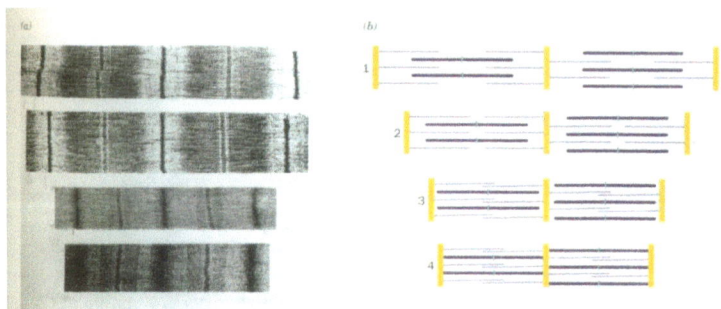

*Abbildung 10, Voet (2010), S.219 7.24, Kontraktion der Myofibrillen*

Durch Kontraktion kann sich ein Muskel um bis zu 30% gegenüber dem vollständig gestreckten Zustand verkürzen. Da sich bei der Kontraktion das Volumen nicht ändert wird der Muskel nicht nur kürzer, sondern auch dicker.

Beim Menschen bestehen die dicken Filamente, welche immer einen Durchmesser von ca. 15 Nanometern aufweisen, beinahe ausschließlich aus Myosin. Ein Filament wird typischerweise aus mehreren hundert Myosinmolekülen gebildet. Dabei zeigen die ATP hydrolisierenden Myosinköpfchen nach außen und sorgen für Quervernetzung mit den dünnen Filamenten.

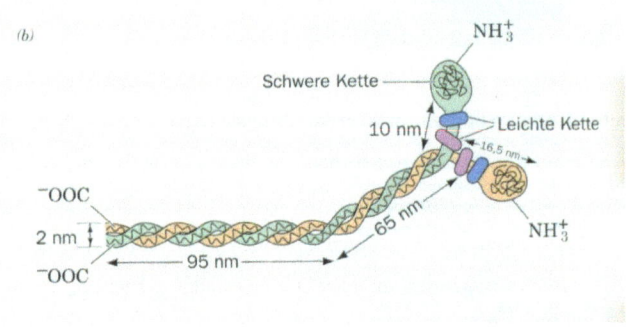

*Abbildung 11, Voet (2010), S.220 7.25, Struktur von Myosin*

[Das Myosinmolekül] besteht aus zwei identischen schweren Ketten (grün und orange), die jeweils ein N-terminales globuläres Köpfchen und einen α-helicalen Schwanz haben. Zwischen dem Köpfchen und dem Schwanz ist der Hebelarm, der sich mit den beiden Typen von leichten Ketten verbindet (hellblau und lavendel). Die Schwänze winden sich umeinander und bilden eine 160 nm lange parallele Superspirale.[41]

Dünne Filamente mit einem Durchmesser von 7 nm bestehen im Menschen hauptsächlich aus polymerisierten Actinmolekülen. Das Actinpolymer ist eine Doppelstranghelix mit einem (-)- und einem (+)-Ende. Jedes Actinmonomer kann ein einzelnes Myosinköpfchen binden.[42] Bei der Kontraktion muss diese Actin-Myosin-Querverbindung wiederholt gelöst werden. Die Kraft dafür kommt aus der ATP-Hydrolyse des Myosinköpfchens, demnach ist Myosin ein Motorprotein.[43] Dieser Reaktionszyklus ist unidirektional und findet bis zu fünfmal die Sekunde in jedem Myosinköpfchen asynchron statt. Keinem Mensch wäre es ohne Myosin und Actin sich zu bewegen, geschweige denn zu überleben.

# 6 AMINOSÄUREKOMPLETTPROFIL DES BLUTES

Das in diesem Kapitel betrachtete Aminosäureprofil (siehe Anlage 1) wurde vom MVZ Labor Dr. Kirkamm am 31. August 2016 erstellt. Neben den acht essentiellen Aminosäuren wurde auch die semi-essentielle Aminosäure Histidin, sowie 14 weitere nicht-essentielle Aminosäuren überprüft. Ein Mangel von Aminosäuren kann durch erhöhten Bedarf, verursacht von Leistungssport oder Stress, bei gleichzeitig niedriger Aminosäurezufuhr über die Ernährung, entstehen. Auch Heranwachsende, Ältere und Veganer haben ein höheres Risiko an einen Mangel zu leiden.[44]

Mögliche Mangelerscheinungen sind ein schlechterer Zustand von Haut, Haaren und Nägeln (siehe Kapitel 4.3). Ein geschwächtes Immunsystem und eine beeinträchtige Wundheilung (siehe Kapitel 4.2). Auch die physische und psychische Leistungsfähigkeit kann eingeschränkt sein. Ebenso kann sich der Stoffwechsel verändern, was dazu führt, dass der Fettabbau verzögert ist und das Muskelwachstum stagniert. Bei einem Mangel bestimmter Aminosäuren wie Arginin oder Ornithin kann die Fruchtbarkeit und Potenz beeinträchtigt sein. Da sehr viele Aminosäuren am Aufbau von Proteinen und Geweben

---

[41] Voet, (2010), Lehrbuch der Biochemie, Weinheim, S. 220
[42] Vgl. Ebd., S.221-223
[43] Vgl. Ebd., S.226
[44] Vgl. Tobias Teuber (2016), vimeda.de/biomarker/aminosaeuren

beteiligt sind, kann eine Unterversorgung zu Wachstumsstörungen und einer vorzeitige Alterung führen. Ebenso kann die Leistungsfähigkeit des Herzens vermindert werden[45]

Eine Überversorgung kann zu Verdauungsbeschwerden, Schwindel und Müdigkeit führen. Falls diese Anzeichen einer Überdosierung ignoriert werden, können Leber und Nierenschäden auftreten. Eine Überversorgung ist, besonders bei Sportlern, sofern auf Einnahme von Aminosäurepräparaten verzichtet wird, sehr unwahrscheinlich.

Für Sportler, welche sich hypokalorisch ernähren, um ihr Gewicht zu reduzieren, ist eine ausreichende Versorgung mit den drei verzweigkettigen Aminosäuren Valin, Leucin und Isoleucin sehr wichtig, da durch die Kombination von sportlicher Aktivität und einem Kaloriendefizit der Verbrauch der sogenannten BCAAs (Branched Chain Amino Acids) stark ansteigt. Für Leistungssportler, wie Marathonläufer ist eine adäquate Versorgung mit Glutamin, von bis zu 30 g pro Tag, für den Erhalt eines leistungsfähigen Immunsystems sinnvoll.[46]

In meinem Aminosäureprofil (siehe Anlage 1) liegen 19 der 22 Aminosäuren im Referenzbereich. Die Glutaminsäurekonzentration im Blutserum liegt bei 8nmol/ml und damit unter dem Normalwert von 10-130 nmol/ml. Aufgrund großer Schwankungen der Konzentration ist eine Interpretation, sofern Sie auf Basis einer einzelnen Messung getroffen wird, wenig sinnvoll. Falls ein Mangel vorliegt kann dieser zu verminderter allgemeiner Leistungsfähigkeit, Störungen des Verdauungsapparates und einer erhöhten Krankheitsanfälligkeit führen. Ein Mangel lässt sich durch Proteinaufnahme über Milch und Getreideprodukte beheben.

Die Asparaginkonzentration liegt bei 86 nmol/ml und damit über dem Referenzbereich von 35-75 nmol/ml. Auch hier lässt sich durch eine einzelne Untersuchung kaum ein Mangel oder eine dauerhafte Erhöhung diagnostizieren.[47] Ein Asparaginmangel hat Auswirkungen auf die Nieren, die Entgiftung des Körpers (zum Beispiel Alkoholabbau), die Wundheilung, die Libido und die Ausdauer.

Die dritte Aminosäure, welche außerhalb des Normbereiches liegt ist Taurin, eine aminosäureähnliche Verbindung, welche beim Abbau von Carnitin und Methionin

---

[45] Vgl. Tobias Teuber (2016), vimeda.de/biomarker/aminosaeuren
[46] Vgl. Wilfried Dubbels (2004), pharmazeutische-zeitung.de/index.php?id=26357
[47] Vgl. Tobias Teuber (2016), vimeda.de/biomarker/asparagin

entsteht. Der Konzentration im Blutserum liegt hier bei 49 nmol/ml bei einem Referenzbereich von 54-210 nmol/ml. Der Mangel kann bei veganer Ernährung oder durch eingeschränkte Verfügbarkeit der Cofaktoren Vitamin B6, Cystein und Methionin verursacht werden. Da ich mich nicht vegan ernähre und Cystein beziehungsweise Methionin im Normalbereich liegen, wäre es sehr interessant einen Vitamin B6 Mangel auszuschließen. Traurin ist wichtig für die Signalübertragung der Nerven und ist vermutlich eine der wichtigsten körpereigenen Substanzen für den Schutz vor Umweltnoxen und Toxinen. Ein Mangel lässt sich am einfachsten über Fisch, Walnuss, Soja und Fleischaufnahme beheben.

# 7 SCHLUSS

In dieser Arbeit wurden die chemischen und physikalischen Eigenschaften der Aminosäuren dargestellt, sowie die Prozesse von der Aufnahme bis zum Abbau von Proteinen erläutert und die zahlreichen Aufgaben im Organismus betrachtet. Die wahrscheinlichsten Ursachen für einen Mangel einzelner essentieller Aminosäuren wurden aufgezählt, Folgen des Mangels bewertet und Wege zur Behebung vorgeschlagen. Im Laufe der Arbeit wurde klar, dass der vorgesehene Umfang nicht ausreicht, um alle Aspekte von Aminosäuren darzustellen, besonders die Aufgaben und Funktionsweise von Enzymen bedürfen weiterer Betrachtung.

# 8 ANHANG

## 8.1 Bibliographie

Dubbels, W. (August 2004). *Pharmazeutische Zeitung.* Abgerufen am 01. 11 2016 von http://www.pharmazeutische-zeitung.de/index.php?id=26357

Galuschka, A. (2009). *Biochemie für Ahnungslose. Eine Einstiegshilfe für Studierende.* (A. Galuschka, Hrsg.) Stuttgart: Hirzel Verlag.

Hampp, N. (2012). *Vorlesung PC-7 Biophysikalische Chemie 2. Vorlesung.* Abgerufen am 2. August 2016 von Phillips Universität Marburg: http://www.uni-marburg.de/fb15/ag-hampp/lehre/sose2012/vl2.pdf

Munk, K. (2008). *Taschenlehrbuch Biologie. Biochemie • Zellbiologie.* Stuttgart: Georog Thieme Verlag KG.

Teuber, T. (2016). *Vimeda.* Abgerufen am 01. 11 2016 von https://www.vimeda.de/biomarker/

Voet, D., & Voet, J. G. (1994). *Biochemie.* (M. Börsch-Supan, E. Buchholz, B. Grünemann, W. Jahnen, J. Kuhlmann, B. Schmidt, . . . S. Vogel, Übers.) Weinheim: VCH.

Voet, D., Voet, J. G., & Pratt, C. W. (2010). *Lehrbuch der Biochemie.* (A. G. Beck-Sickinger, & U. Hahn, Übers.) Weinheim: WILEY-VCH.

Walter, W., & Francke, W. (2004). *Lehrbuch der Organischen Chemie* (24. Ausg.). Stuttgart: Hirzel Verlag.

Whitford, D. (2005). *Proteins. Structure and Function.* Chichester: John Wiley & Sons.

Wollrab, A. (2014). *Organische Chemie* (4. Ausg.). Berlin, Heidelberg: Springer Spektrum.

*Anlage 1:*

**Aminosäuren-Screening:**
Essentielle Aminosäuren:

Bitte beachten Sie den geänderten Normbereich.

| | | |
|---|---|---|
| Leucin** | 141 nmol/ml | 70 - 200 |
| Isoleucin** | 75 nmol/ml | 30 - 110 |
| Threonin** | 124 nmol/ml | 60 - 225 |
| Valin** | 196 nmol/ml | 120 - 340 |
| Lysin** | 145 nmol/ml | 115 - 300 |
| Methionin** | 15 nmol/ml | 10 - 40 |
| Phenylalanin** | 66 nmol/ml | 35 - 85 |
| Tryptophan** | 42 nmol/ml | 10 - 140 |
| Histidin** | 111 nmol/ml | 70 - 125 |

**Nicht essentielle Aminosäuren:**

| | | |
|---|---|---|
| Glycin** | 280 nmol/ml | 150 - 490 |
| Alanin** | 491 nmol/ml | 175 - 580 |
| Serin** | 105 nmol/ml | 60 - 180 |
| Arginin** | 66 nmol/ml | 15 - 190 |
| Cystein** | 38 nmol/ml | 5 - 80 |
| Tyrosin** | 36 nmol/ml | 35 - 115 |
| Prolin** | 145 nmol/ml | 97 - 330 |
| Glutaminsäure** | 8 nmol/ml | 10 - 130 |
| Glutamin** | 752 nmol/ml | 200 - 760 |
| Asparaginsäure** | 2 nmol/ml | < 25 |
| Asparagin** | 86 nmol/ml | 35 - 75 |

**Nicht proteinogene Aminosäuren:**

| | | |
|---|---|---|
| Citrullin** | 33 nmol/ml | 10 - 55 |
| Taurin** | 49 nmol/ml | 54 - 210 |
| Ornithin** | 75 nmol/ml | 50 - 200 |

*Abbildung 12, MVZ Labor (2016), Aminosäuren-Screening Roman Ettlinger*

## 8.2 Abbildungsverzeichnis

# BEI GRIN MACHT SICH IHR
# WISSEN BEZAHLT

- Wir veröffentlichen Ihre Hausarbeit,
  Bachelor- und Masterarbeit

- Ihr eigenes eBook und Buch -
  weltweit in allen wichtigen Shops

- Verdienen Sie an jedem Verkauf

## Jetzt bei www.GRIN.com hochladen
## und kostenlos publizieren